2		1
4	1	2	
1			2
2			

3	2	4	1
4	1	2	3
1	4	3	2
2	3	1	4

3	2	4	1
1			2

4	1	2	3
3	2	4	1
1	4	3	2
2	3	1	4

			4
2			
	2		
4	3	1	

3	1	2	4
2	4	3	1
1	2	4	3
4	3	1	2

			1
1			2
	4	1	3
	1	2	

4	2	3	1
1	3	4	2
2	4	1	3
3	1	2	4

1		3	
3		2	1
	1		
		1	

1	2	3	4
3	4	2	1
2	1	4	3
4	3	1	2

4	1		
2			
1		4	
3			1

4	1	3	2
2	3	1	4
1	2	4	3
3	4	2	1

	4	2	1	
		1		
	1	3		2

4	2	1	3
3	1	2	4
1	3	4	2
2	4	3	1

	4		3
3			1
4		1	
	1	3	

1	4	2	3
3	2	4	1
4	3	1	2
2	1	3	4

1	4	3	
2			
3	2		
4	1		

1	4	3	2
2	3	4	1
3	2	1	4
4	1	2	3

		3	
		2	
1			3
3	4		2

2	1	3	4
4	3	2	1
1	2	4	3
3	4	1	2

	1	2	3
2	3	1	4
			2

4	1	2	3
2	3	1	4
3	2	4	1
1	4	3	2

	2	1		
			1	
			2	3
			4	

2	1	3	4
4	3	1	2
1	4	2	3
3	2	4	1

2	1	3	
4	3	2	
		1	
	2		

2	1	3	4
4	3	2	1
3	4	1	2
1	2	4	3

3		1	2
	2	4	3
		3	
	3		

3	4	1	2
1	2	4	3
2	1	3	4
4	3	2	1

		3	4
	3	1	
3		4	1
	4		

2	1	3	4
4	3	1	2
3	2	4	1
1	4	2	3

1		3	4
			1
			3
4	3		

1	2	3	4
3	4	2	1
2	1	4	3
4	3	1	2

	4		3
			1
	3		
2	1		

1	4	2	3
3	2	4	1
4	3	1	2
2	1	3	4

3	1		2
		3	
		1	
1		2	3

3	1	4	2
4	2	3	1
2	3	1	4
1	4	2	3

		3	
3	4	1	
2		4	
	1	2	

1	2	3	4
3	4	1	2
2	3	4	1
4	1	2	3

			3
	2		
		3	4
4		1	

1	4	2	3
3	2	4	1
2	1	3	4
4	3	1	2

	1		
3		1	2
4		2	
1			3

2	1	3	4
3	4	1	2
4	3	2	1
1	2	4	3

1		4	
		2	
2	1		
	4		2

1	2	4	3
4	3	2	1
2	1	3	4
3	4	1	2

4	1		
2	3	1	
3			1
		4	

4	1	3	2
2	3	1	4
3	4	2	1
1	2	4	3

	1	2	4
2		1	
		3	

3	1	2	4
2	4	1	3
4	2	3	1
1	3	4	2

		2	
2			3
	3	2	1
1	2		

3	4	1	2
2	1	4	3
4	3	2	1
1	2	3	4

3			1
	1	3	2
	3		
1			3

3	2	1	4
4	1	3	2
2	3	4	1
1	4	2	3

		3	
1			
		1	2
			3
	4		

1	2	3	4
4	3	1	2
2	1	4	3
3	4	2	1

1		3	
3	2		
2		1	
4		2	

1	4	3	2
3	2	4	1
2	3	1	4
4	1	2	3

1	3		
4			1
2		4	
3	4		

1	3	2	4
4	2	3	1
2	1	4	3
3	4	1	2

	4	2	1	
				1
		3	2	

4	2	1	3
3	1	4	2
2	4	3	1
1	3	2	4

2		3	
3			4
	2		
		4	2

2	4	3	1
3	1	2	4
4	2	1	3
1	3	4	2

	1	4	
		2	
		3	
	2	1	

2	1	4	3
4	3	2	1
1	4	3	2
3	2	1	4

			4
			1
	2	1	3
	1	4	2

1	3	2	4
2	4	3	1
4	2	1	3
3	1	4	2

2		1	
3			2
		3	
1	3	2	

2	4	1	3
3	1	4	2
4	2	3	1
1	3	2	4

4		1	
			4
2			3
3			1

4	3	1	2
1	2	3	4
2	1	4	3
3	4	2	1

	4		
1	3	2	4
		3	1

2	4	1	3
1	3	2	4
4	2	3	1
3	1	4	2

		3	2
3			1
		1	
			4

4	1	3	2
3	2	4	1
2	4	1	3
1	3	2	4

2	3		1
	1		
1	4		2
3			

2	3	4	1
4	1	2	3
1	4	3	2
3	2	1	4

	2		1
		3	
4	3		2

3	2	4	1
1	4	2	3
2	1	3	4
4	3	1	2

4			1
3			
		1	3
1		2	4

4	2	3	1
3	1	4	2
2	4	1	3
1	3	2	4

			3
			4
	4	3	1
	1		

4	2	1	3
1	3	2	4
2	4	3	1
3	1	4	2

	1		2
4			
2	4		3
	3		

3	1	4	2
4	2	3	1
2	4	1	3
1	3	2	4

4			1
	3		2
2	4		3

4	2	3	1
3	1	2	4
1	3	4	2
2	4	1	3

			4
2		3	1
1			2

3	1	2	4
2	4	3	1
4	2	1	3
1	3	4	2

	4	3	
1	3		
4			
	2		

2	4	3	1
1	3	4	2
4	1	2	3
3	2	1	4

			4
			1
2	3	1	
	1		

1	2	4	3
3	4	2	1
2	3	1	4
4	1	3	2

		3	
3	1		
4			1
1		3	

2	4	1	3
3	1	4	2
4	3	2	1
1	2	3	4

		2	4
		3	
2			
	4	1	2

1	3	2	4
4	2	3	1
2	1	4	3
3	4	1	2

			1
2	1		
3			2
			3

4	3	2	1
2	1	3	4
3	4	1	2
1	2	4	3

2		4	
4			1
		1	4

2	1	4	3
4	3	2	1
3	2	1	4
1	4	3	2

www.ingramcontent.com/pod-product-compliance
Lightning Source LLC
Chambersburg PA
CBHW070112230526
45472CB00004B/1229